LE RÈGNE VÉGÉTAL

—

ATLAS ICONOGRAPHIQUE

HORTICULTURE

JARDIN POTAGER

ET

JARDIN FRUITIER

ATLAS ICONOGRAPHIQUE

RACINES ALIMENTAIRES

1. — BETTERAVE (*Beta vulgaris*) JAUNE LONGUE, $^1/_3$ de grandeur naturelle; *page* 169.

2. — BETTERAVE ROUGE LONGUE, $^1/_3$ de grandeur naturelle; *page* 169.

3. — CAROTTE (*Daucus carotta*) COMMUNE, $^1/_2$ de grandeur naturelle; *page* 169.

4. — RAIPONCE (*Campanula rapunculus*), $^1/_2$ de grandeur naturelle; *page* 178.

5. — CAROTTE COURTE HATIVE, $^1/_2$ de grandeur naturelle; *page* 169.

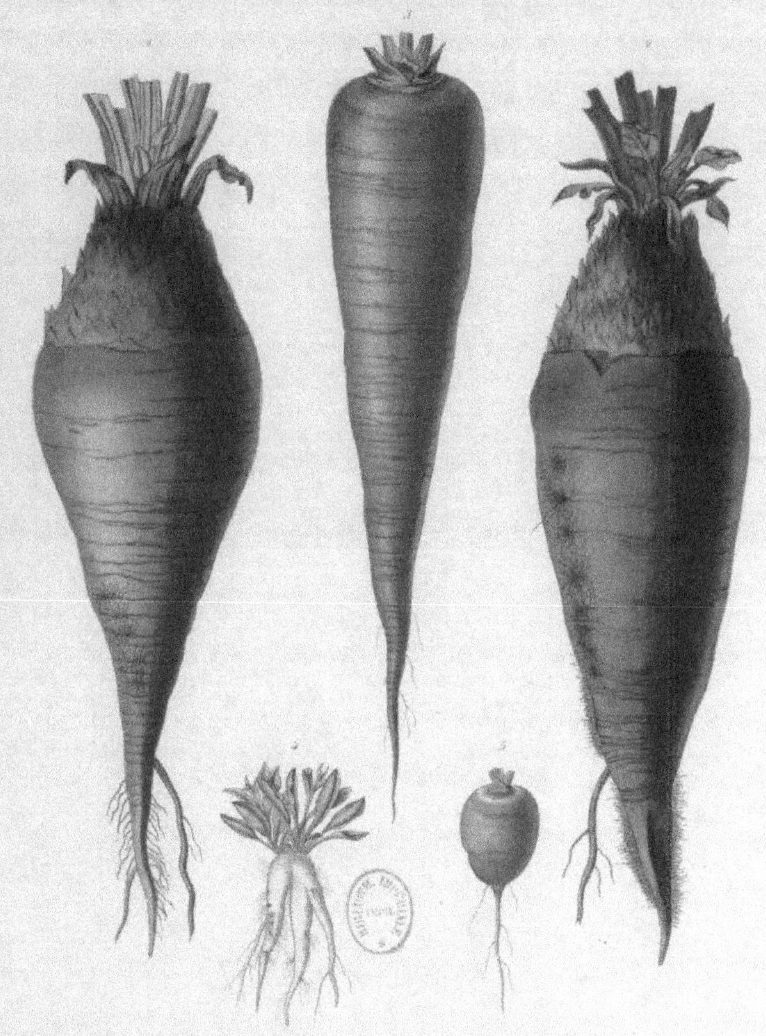

Racines alimentaires

RACINES ALIMENTAIRES

1. — CÉLERI-RAVE (*Apium graveolens*), $^1/_2$ de grandeur naturelle ; *page* 171.

2. — RADIS NOIR D'HIVER ou RAIFORT CULTIVÉ (*Raphanus sativus niger*), $^1/_5$ de grandeur naturelle ; *pages* 176 à 178.

3. — RAIFORT SAUVAGE (*Cochlearia armorica*), $^1/_3$ de grandeur naturelle ; *page* 178.

4. — RAVE ROSE (*Raphanus sativus oblongus*), $^1/_2$ de grandeur naturelle ; *pages* 176 à 178.

5. — RADIS ROSE (*Raphanus sativus radicula*), $^1/_3$ de grandeur naturelle ; *pages* 176 à 178.

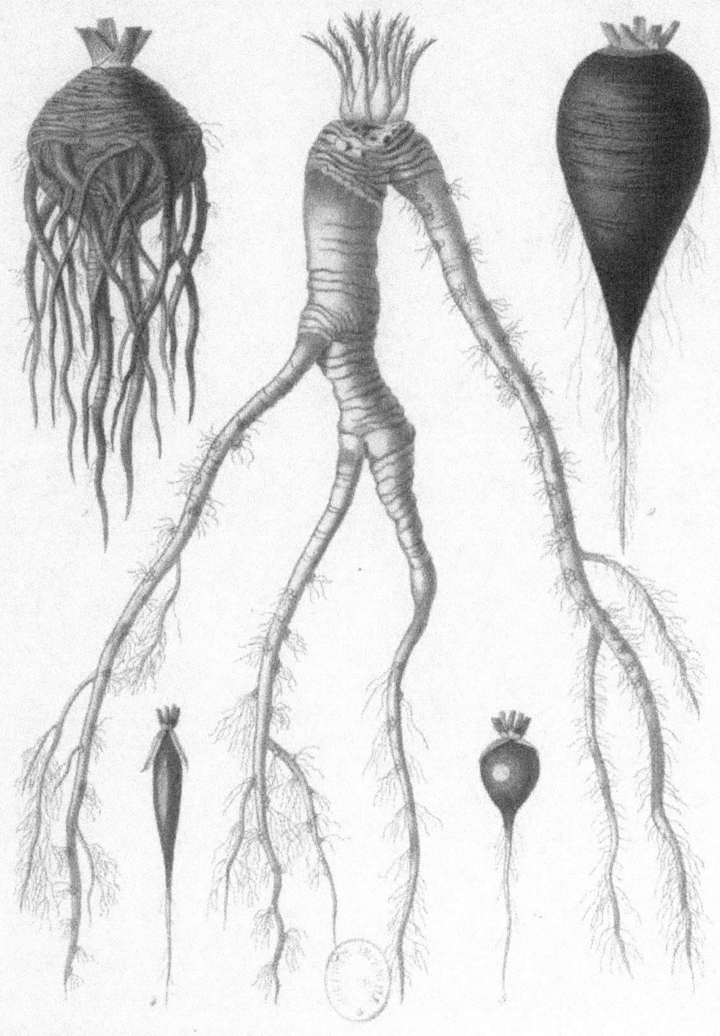

Racines alimentaires.

RACINES ET TUBERCULE ALIMENTAIRES

1. — SALSIFIS BLANC (*Tragopogon porrifolium*), $\frac{1}{2}$ de grandeur naturelle ; *page* 179.

2. — CHERVIS (*Sium sisarum*), $\frac{1}{2}$ de grandeur naturelle ; *page* 172.

3. — OXALIDE CRÉNELÉE (*Oxalis crenata*), tubercule, $\frac{1}{2}$ de grandeur naturelle ; *pages* 185, 186, 233.

4. — PANAIS LONG (*Pastinaca sativa*), $\frac{1}{2}$ de grandeur naturelle *page* 176.

5. — SCORSONÈRE D'ESPAGNE, ou SALSIFIS NOIR (*Scorzonera hispanica*), $\frac{1}{2}$ de grandeur naturelle ; *page* 180.

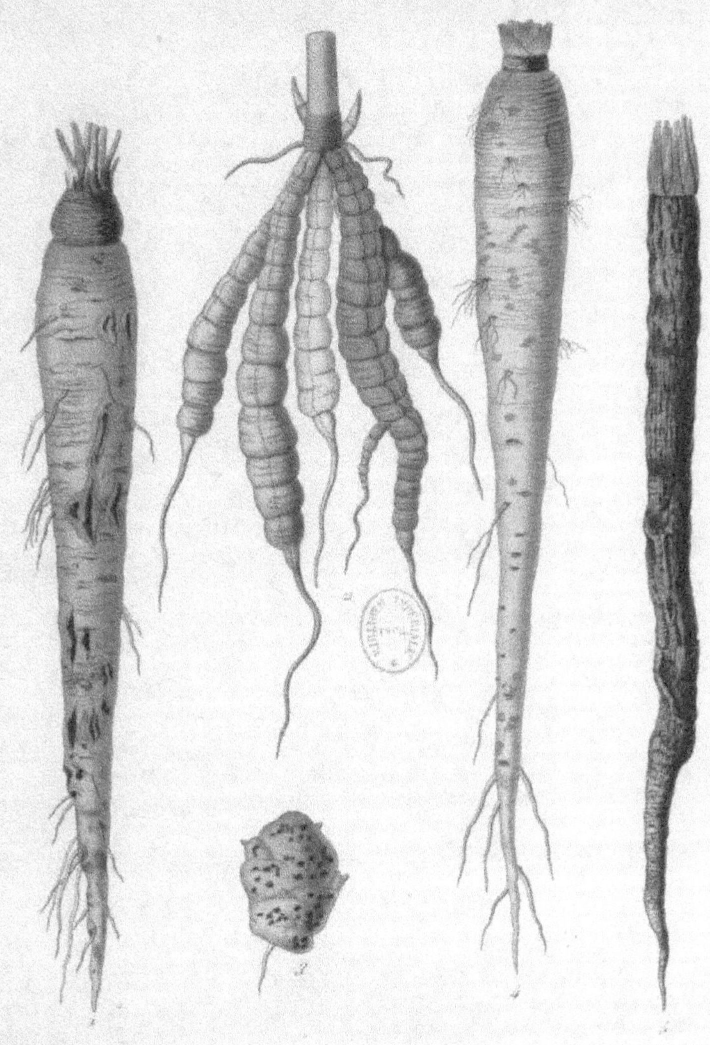

Racines & Tubercule (d'Oxalis crenata) alimentaires.

TUBERCULES ALIMENTAIRES

1. — OXALIDE ROUGE ou OCA ROUGE (*Oxalis purpurea*), $^1/_2$ de grandeur naturelle; *pages* 185, 186, 233.

2. — TOPINAMBOUR ou HÉLIANTHE TUBÉREUX , (*Helianthus tuberosus*), $^1/_2$ de grandeur naturelle; *page* 202.

3. — ULLUQUE ou ULLUCO TUBÉREUX (*Ullucus tuberosus*), $^1/_5$ de grandeur naturelle; *page* 203.

4. — IGNAME DU JAPON ou IGNAME DE LA CHINE (*Dioscorea Batatas; Dioscorea japonica*), $^1/_5$ de grandeur naturelle; *page* 184.

5. — PSORALÉE COMESTIBLE ou PICOTIANE (*Psoralea esculenta*), $^1/_5$ de grandeur naturelle; *page* 200.

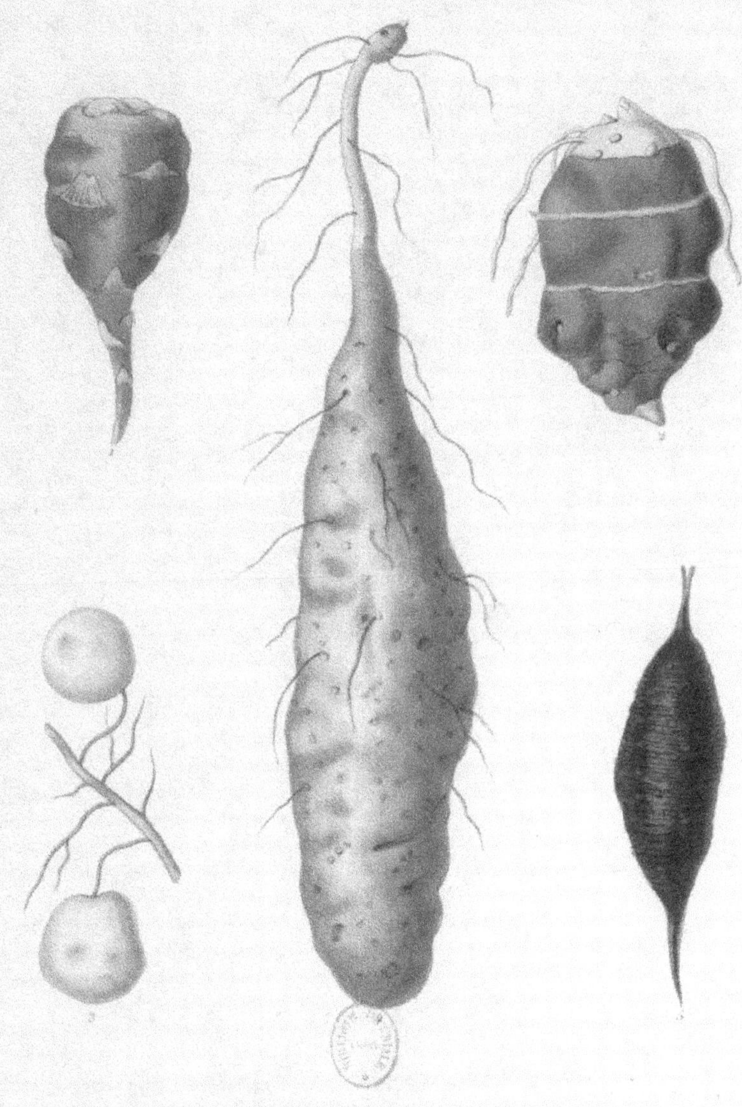

Tubercules alimentaires.

TUBERCULES ALIMENTAIRES

1. — POMME DE TERRE (*Solanum tuberosum*) DE VITELOTTE, $^3/_4$ de grandeur naturelle; *pages* 199 et 200.

2. — POMME DE TERRE DE KIDNEY, $^3/_4$ de grandeur naturelle; *page* 199.

3. — POMME DE TERRE JAUNE LONGUE DE HOLLANDE, $^3/_4$ de grandeur naturelle; *pages* 199 et 200.

4. — POMME DE TERRE VIOLETTE, $^3/_4$ de grandeur naturelle; *pages* 199 et 200.

5. — POMME DE TERRE TARDIVE D'IRLANDE, $^3/_4$ de grandeur naturelle; *pages* 199 et 200.

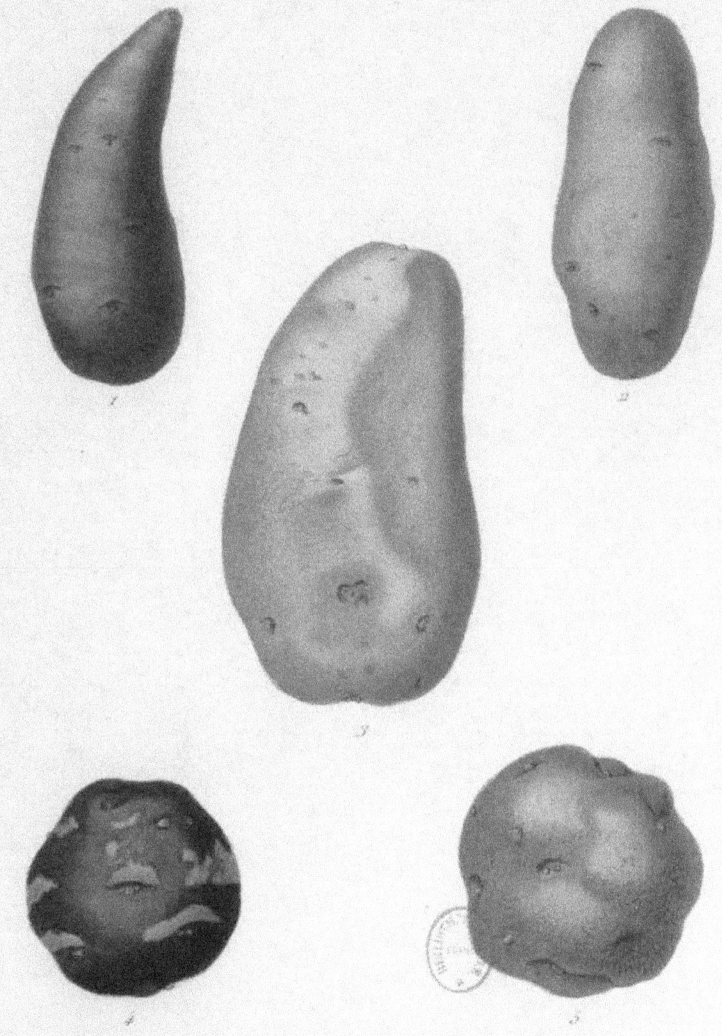

Tubercules alimentaires.

Maubert pinx.   Imp. Lemercier, r. St Jacques, 57, Paris.   Sotain sculp.

TUBERCULES ALIMENTAIRES ET FRUIT LÉGUMIER

1. — SOUCHET COMESTIBLE, AMANDE DE TERRE (*Cyperus esculentus*), $^1/_6$ de grandeur naturelle ; *page* 201.

2. — ARACHIDE ou PISTACHE DE TERRE (*Arachis hypogœa ; A. Africana ; A. Asiatica ; A. Americana*), fruit légumier, $^1/_2$ de grandeur naturelle ; *pages* 376 et 377.

3. — CAPUCINE TUBÉREUSE (*Tropœolum tuberosum*), $^1/_2$ de grandeur naturelle ; *page* 181.

4. — GLYCINE TUBÉREUSE ou GLYCINE APIOS (*Apios tuberosa*), $^1/_2$ de grandeur naturelle ; *page* 183.

5. — GESSE TUBÉREUSE (*Lathyrus tuberosus*), ARNOTE, GLAND DE TERRE, MÉGUSON, MACUSSON, MARCUSSON, $^1/_3$ de grandeur naturelle ; *pages* 182 et 183.

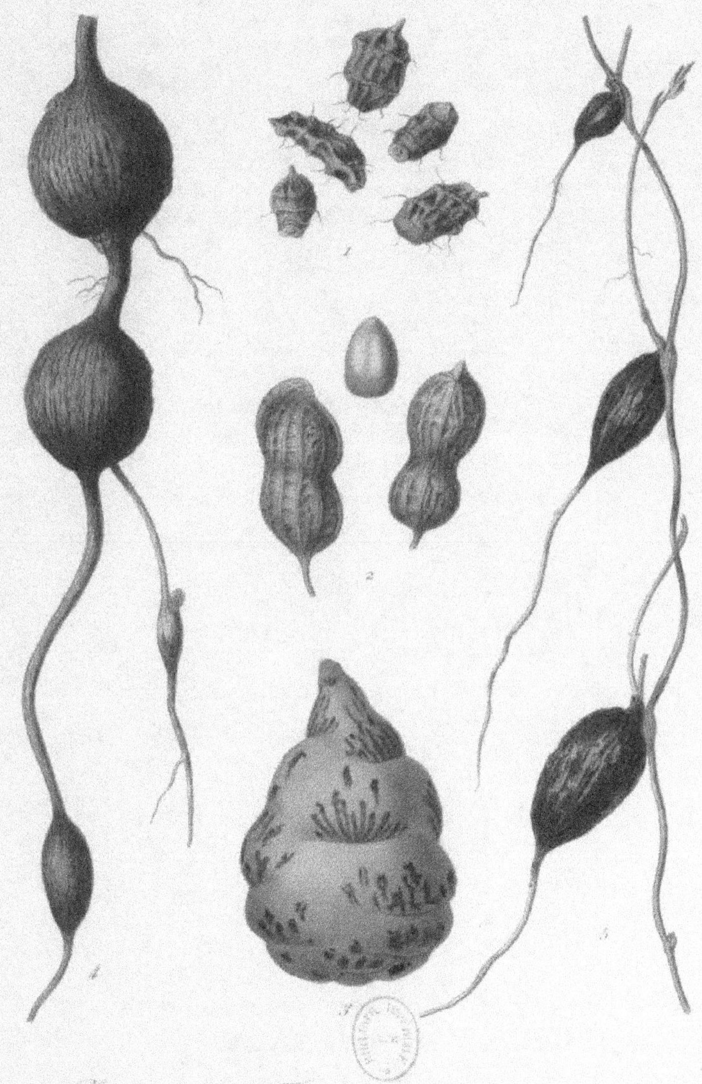

Tubercules & Fruit (l'Arachide alimentaire).

Maubert pinx. Imp. Lemercier à St. Jacques 76. Paris Corbié sc.

PLANTES BULBEUSES ALIMENTAIRES

———

1. — OGNON ou OIGNON (*Allium cepa*) BLANC, $^2/_5$ de grandeur
   naturelle ; *pages* 208 à 213.

2. — OGNON ROUGE PALE ou DE NIORT, $^2/_3$ de grandeur naturelle;
   pages 208 à 213.

3. — ECHALOTE (*Allium ascalonicum*), grandeur naturelle ; *page* 208.

4. — CIVETTE ou CIBOULETTE (*Allium schœnoprasum*), $^2/_3$ de
   grandeur naturelle ; *page* 207.

5. — AIL (*Allium sativum*), $^2/_3$ de grandeur naturelle ; *pages* 205
   et 206.

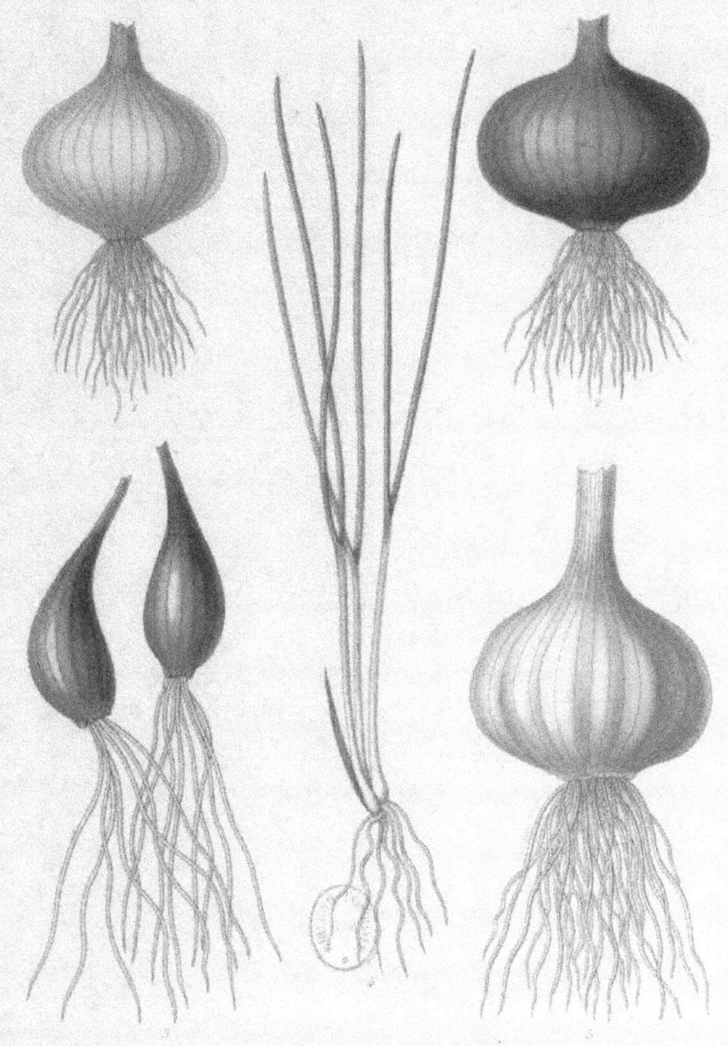

Plantes bulbeuses alimentaires.

PLANTES POTAGÈRES DE DIVERS USAGES

1. — ESTRAGON, DRAGONE, HERBE-DRAGON, FARGON, SER-
     PENTINE (*Artemisia dracunculus*), $^1/_2$ de grandeur naturelle;
     page 308.

2. — PIMPRENELLE (*Poterium sanguisorba*), $^1/_2$ de grandeur natu-
     relle ; *page* 215.

3. — PORREAU ou POIREAU (*Allium porrum*), $^2/_3$ de grandeur natu-
     relle ; *page* 213.

4. — OSEILLE (*Rumex acetosa*), $^1/_3$ de grandeur naturelle ; *pages* 252
     et 253.

5. — ÉPINARD (*Spinacea oleracea*), $^1/_3$ de grandeur naturelle ; *pages*
     250 et 251.

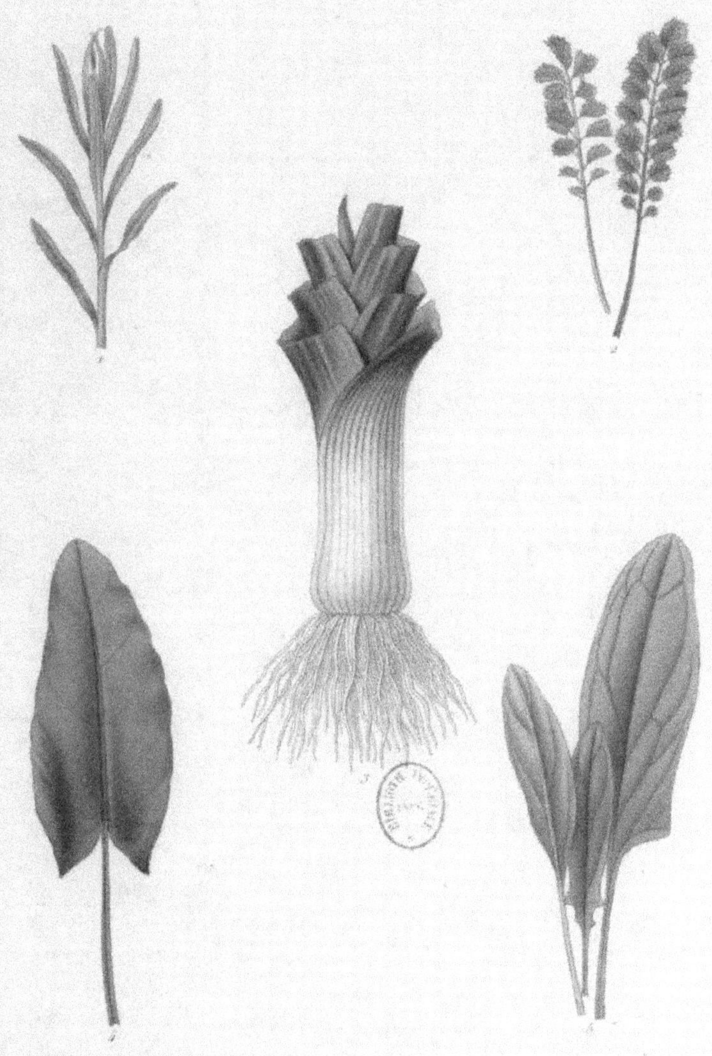

Plantes potagères

PLANTES LÉGUMIÈRES

A BOURGEONS, A INFLORESCENCES ALIMENTAIRES, ET PLANTE POUR SALADE

---

1. — ARTICHAUT (*Cynara scolymus viridis*) DE BRETAGNE, ou GROS-CAMUS, $^1/_3$ de grandeur naturelle ; *pages* **215** à **220**.

2. — PERCE-PIERRE, ou CRISTE-MARINE (*Crithmum maritimum*), fruit légumier, $^1/_2$ de grandeur naturelle ; *page* **280**.

3. — ASPERGE (*Asparagus officinalis*) VERTE ou COMMUNE, $^1/_2$ de grandeur naturelle ; *pages* **220** à **228**.

4. — ASPERGE GROSSE VIOLETTE ou DE HOLLANDE, $^1/_2$ de grandeur naturelle ; *pages* **220** à **228**.

5. — ARTICHAUT DE LAON, $^1/_3$ de grandeur naturelle ; *pages* **215** à **220**.

Plantes potagères.

PLANTES LÉGUMIERES

A INFLORESCENCES ALIMENTAIRES, ET PLANTE A RACINE ALIMENTAIRE

------

1. — CHOU-RAVE (*Brassica gongyloides*), plante à racine alimentaire, ¹/₃ de grandeur naturelle ; *page* 173.

2. — CHOU A JETS DE BRUXELLES, ¹/₄ de grandeur naturelle ; *page* 234.

3. — CHOU MARIN ou CRAMBÉ MARITIME (*Crambe maritima*), ¹/₅ de grandeur naturelle ; *page* 240.

4. — CHOU-FLEUR (*Brassica oleracea botrytis*), ¹/₃ de grandeur naturelle ; *pages* 237 à 239.

5. — CHOU-BROCOLIS (*Brassica oleracea botrytis*) VIOLET, ¹/₃ de grandeur naturelle ; *page* 237.

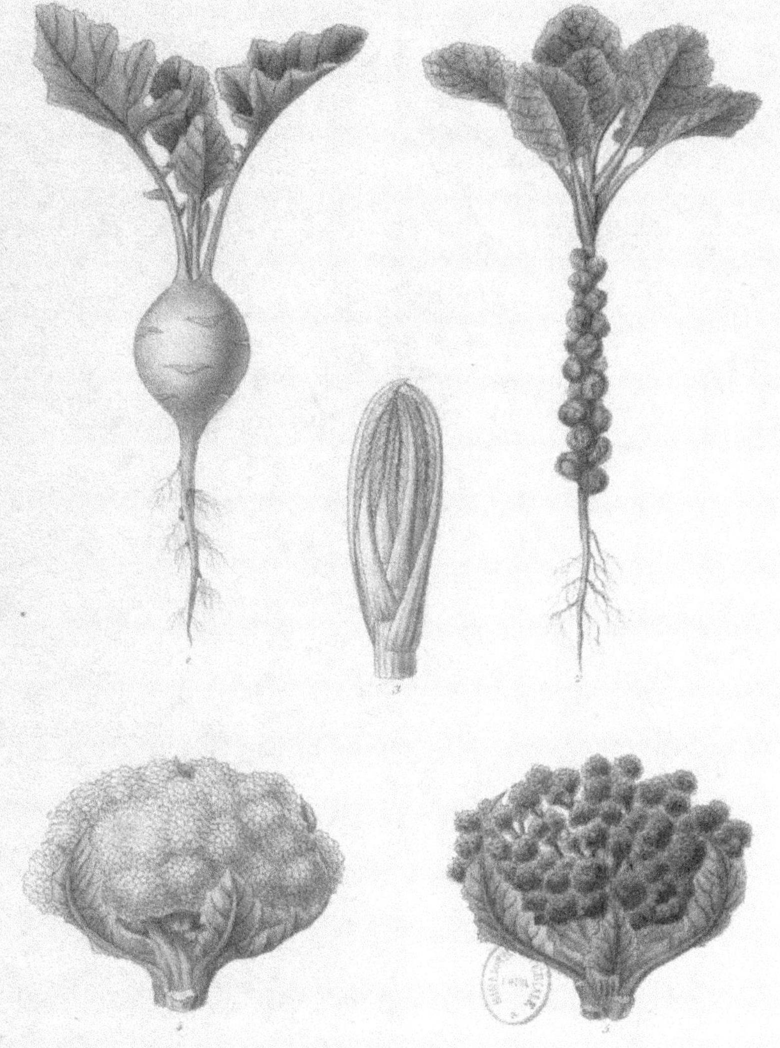

Plantes légumières.

PLANTES LÉGUMIÈRES ET HERBES POTAGÈRES

Herbes potagères.

PLANTES POTAGÈRES DE DIVERS USAGES

1. — PASSERAGE A LARGES FEUILLES (*Lepidium latifolium*), $^1/_3$ de grandeur naturelle ; *page* 312.

2. — LOTIER COMESTIBLE (*Lotus edulis*), représentation des feuilles, $^1/_3$ de grandeur naturelle ; *page* 294.

3. — BARBARÉE PRÉCOCE ROQUETTE DES JARDINS (*Barbarea præcox*, *Erysimum præcox*), $^1/_2$ de grandeur naturelle ; *page* 248.

4. — LAITUE VIVACE (*Lactuca perennis*), $^1/_2$ de grandeur naturelle ; *page* 277.

5. — PICRIDIE CULTIVÉE ou TERRE CRÉPIE (*Picridium vulgare*), $^1/_3$ de grandeur naturelle ; *page* 280.

Herbes potagères & autres plantes alimentaires

HERBES POTAGÈRES ET PLANTES CONDIMENTAIRES

1. — BASELLE (*Basella*) BLANCHE, ÉPINARD BLANC DU MA-
LABAR, $^1/_3$ de grandeur naturelle ; *pages* 248 et 249.

2. — BASELLE ROUGE, ou ÉPINARD ROUGE DU MALABAR, $^1/_3$ de
grandeur naturelle ; *pages* 248 et 249.

3. — PAVOT (*Papaver somniferum*), la feuille, $^1/_3$ de grandeur
naturelle ; *page* 254.

4. — THYM (*Thymus vulgaris*), grandeur naturelle ; *page* 317.

5. — LAURIER FRANC, LAURIER D'APOLLON, LAURIER SAUCE,
LAURIER NOBLE (*Laurus nobilis*), la feuille, de grandeur
naturelle ; *page* 310.

Herbes potagères & Plantes condimentaires.

PLANTES POTAGÈRES DE DIVERS USAGES

1. — ASTRAGALE EN HAMEÇON (*Astragalus hamosus*), le fruit de grandeur naturelle ; *page* 259.

2. — CHENILLE ou CHENILLETTE (*Scorpiurus vermiculatus*), le fruit de grandeur naturelle ; *page* 261.

3. — ANGÉLIQUE (*Angelica archangelica*, *Archangelica officinalis*), tige à ¹/₄ de grandeur naturelle ; *page* 300.

4. — MOUTARDE SAUVAGE ou SANVE (*Sinapis arvensis*), une tige avec ses feuilles et ses fleurs, ¹/₄ de grandeur naturelle. A côté, le fruit qui est une silique glabre, et les graines qu'il contient ; *page* 252.

5. — MOUTARDE NOIRE, ou SÉNEVÉ (*Sinapis nigra*, *Brassica nigra*), une tige, avec les feuilles et les fleurs, ¹/₄ de grandeur naturelle. A côté, le fruit qui est une silique linéaire, à valves carénées, et les graines, d'un brun noirâtre, qu'il renferme.

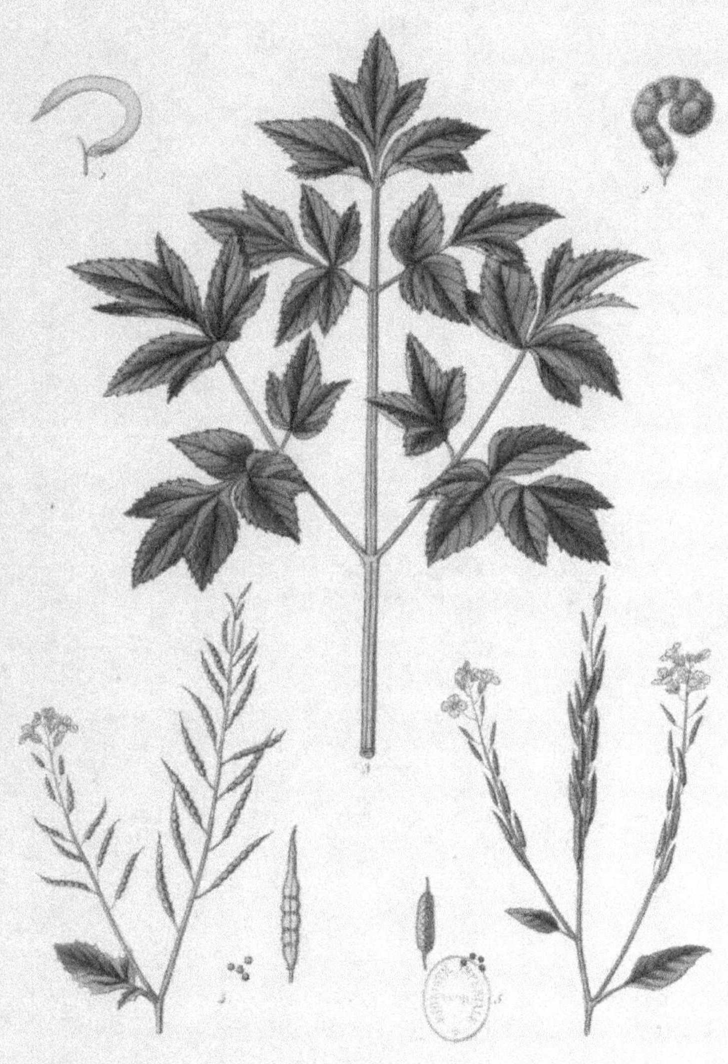

Plantes pour salades & condiments.

HERBES POTAGÈRES ET PLANTES POUR SALADES

1. — MORELLE NOIRE (*Solanum nigrum*), la feuille, réduite des ²/₃ ; *page* 251.

2. — TÉTRAGONE ÉTALÉE (*Tetragona expansa*), la feuille réduite des ²/₃ ; *page* 257.

3. — PHYTOLAQUE (*Phytolacca decandra*), une feuille réduite ; *page* 256.

4. — POURPIER CULTIVÉ (*Portulaca oleracea*), une tige réduite de ¹/₂ ; *page* 281.

5. — CLAYTONIE PERFOLIÉE (*Claytonia perfoliata*), feuilles et fleurs réduites des ²/₃ ; *page* 266.

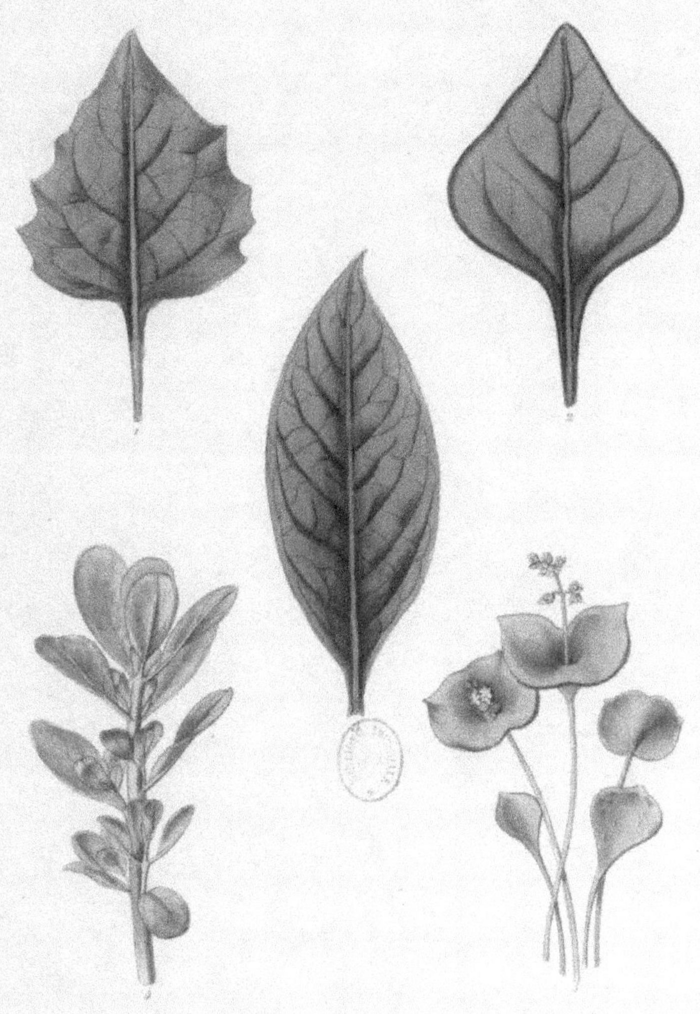

Herbes potagères & pour salades.

PLANTES POUR SALADES

1. — PISSENLIT ou DENT-DE-LION (*Taraxacum dens*), $^1/_4$ de grandeur naturelle ; *page* 281.

2. — MACHE, BOURSETTE, DOUCETTE, BLANCHETTE (*Valeriana locusta*, *Valerianella olitoria*) , $^2/_3$ de grandeur naturelle ; *pages* 277 et 278.

3 — LAITUE (*Lactuca sativa*), ROMAINE VERTE MARAICHÈRE, $^1/_4$ de grandeur naturelle ; *pages* 274 et 275.

4. — CHICORÉE-BARBE-DE-CAPUCIN (*Cichorium intybus*) , $^1/_2$ de grandeur naturelle ; *pages* 263 à 266.

5. — SCAROLE ou ESCAROLE (*Cichorium indivia latifolia*) , $^1/_4$ de grandeur naturelle ; *pages* 261 à 263.

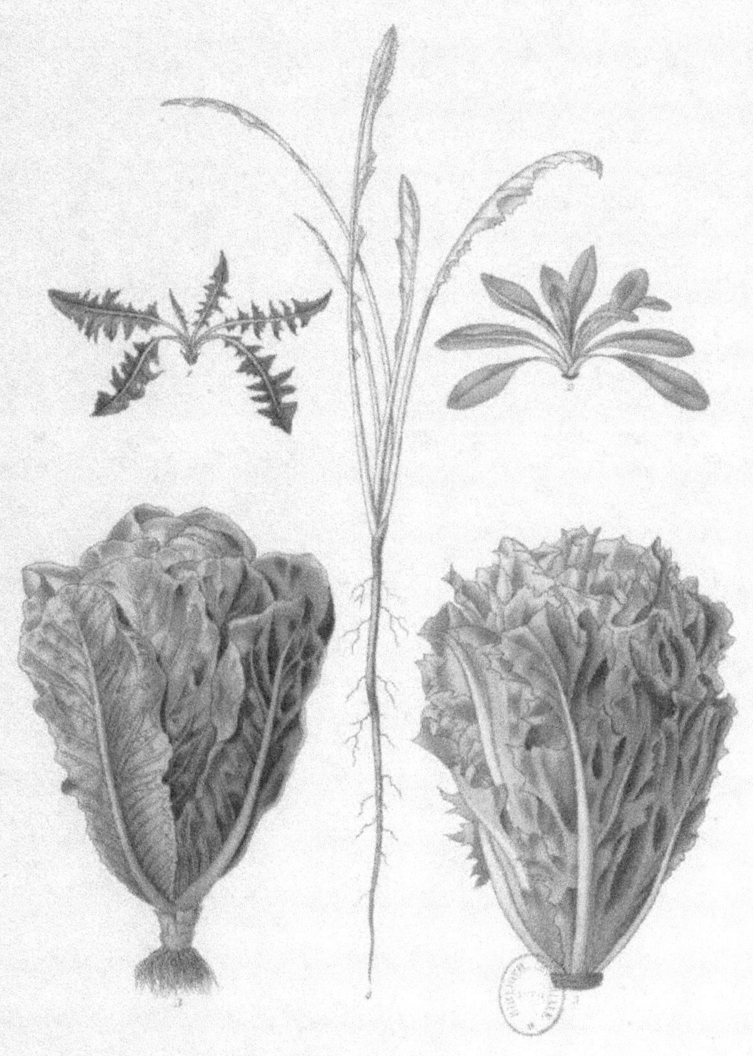

Plantes pour salades.

PLANTES POTAGÈRES DE DIVERS USAGES

1. — ULLUQUE ou ULLUCO (*Ullucus*), une tige avec ses feuilles, réduite ; *page* 258.

2. — OXALIDE CRÉNELÉE (*Oxalis crenata*), une tige avec ses feuilles, réduite ; *page* 253.

3. — AMARANTE (*Amarantus*), une tige avec ses feuilles, réduite ; *pages* 245 et 246.

4. — CARDON (*Cynara cardunculus*), $^1/_4$ de grandeur naturelle ; *pages* 228 et 229.

5. — POIRÉE A CARDES ou BETTE A CARDES, $^1/_4$ de grandeur naturelle ; *pages* 242 et 243.

Plantes légumières.

PLANTES POUR SALADES

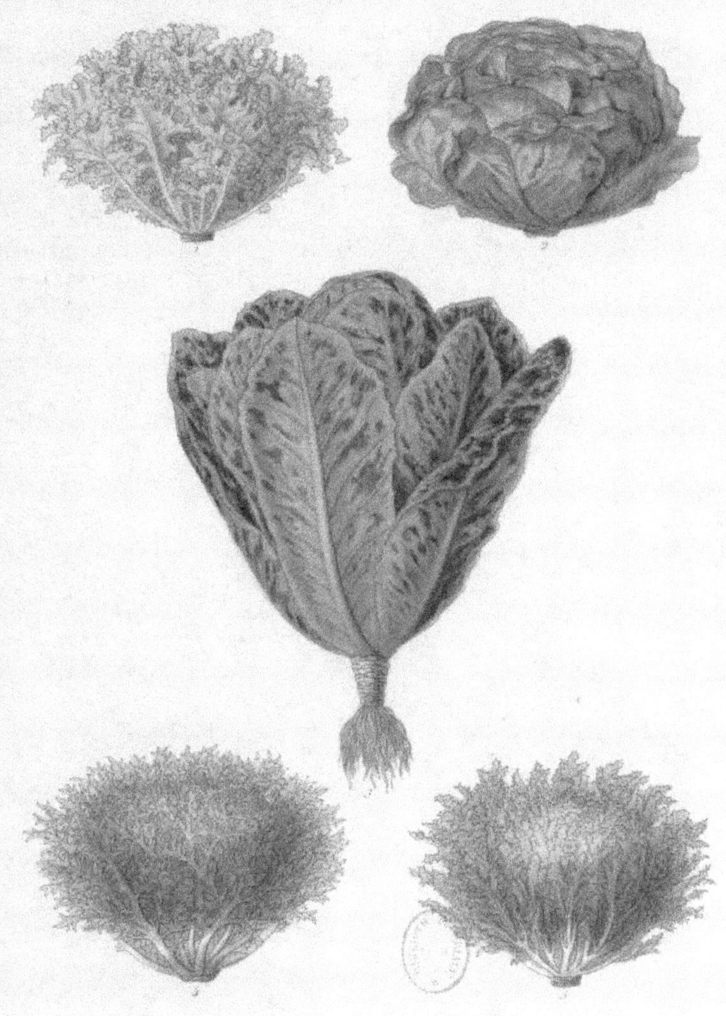

Plantes pour salade

PLANTES POUR SALADES

---

1. — LAITUE (*Lactuca sativa*) GOTTE , $^1/_5$ de grandeur naturelle ;
   page 272.

2. — LAITUE SANGUINE, ou FLAGELLÉE, ou PANACHÉE, à graine
   blanche, $^1/_5$ de grandeur naturelle ; *page* 273.

3. — LAITUE BATAVIA BLONDE ou SILÉSIE ; $^1/_5$ de grandeur
   naturelle ; *page* 273.

4. — LAITUE PALATINE, LAITUE ROUGE, $^1/_5$ de grandeur naturelle ; *page* 273.

5. — LAITUE DE LA PASSION, $^1/_5$ de grandeur naturelle ; *page* 274.

Plantes pour salades.

PLANTES CONDIMENTAIRES ET PLANTES
POUR SALADES

1. — PERSIL (*Apium petroselinum*), tiges de grandeur naturelle;
   page 313.

2. — CERFEUIL MUSQUÉ (*Myrrhis odorata*), tige de grandeur
   naturelle; *page* 306.

3. — CRESSON DE FONTAINE (*Sisymbrium nasturtium*, *Nasturtium
   officinale*), tige de grandeur naturelle; *pages* 268 à 270.

4. — CRESSON ALÉNOIS, PASSERAGE CULTIVÉE, NASITOR
   (*Lepidium sativum*, *Thlaspi sativum*), tige de grandeur naturelle; *pages* 267 et 268.

5. — SARRIETTE DES JARDINS (*Satureia hortensis*), tige de grandeur naturelle; *page* 317.

Plantes condimentaires.

PLANTES CONDIMENTAIRES

---

1. — ORIGAN PETITE MARJOLAINE (*Origanum majoranoïdes*, *Majorana crassa*, *Majorana vulgaris*), tige réduite ; *page* 311.

2. — LAURIER-CERISE (*Cerasus lauro-cerasus*, *Prunus lauro-cerasus*), un rameau réduit des $^3/_4$; *page* 309.

3. — ROMARIN (*Rosmarinus officinalis*), un rameau réduit de $^1/_2$; *pages* 316 et 317.

4. — FENOUIL DOUX, ANETH, ANIS DOUX (*Fœniculum officinale*, *Anethum fœniculum*), la plante entière, réduite ; *pages* 241, 242, 309.

5. — FENOUIL COMMUN (*Fœniculum vulgare*), une tige réduite ; *pages* 241, 242, 309.

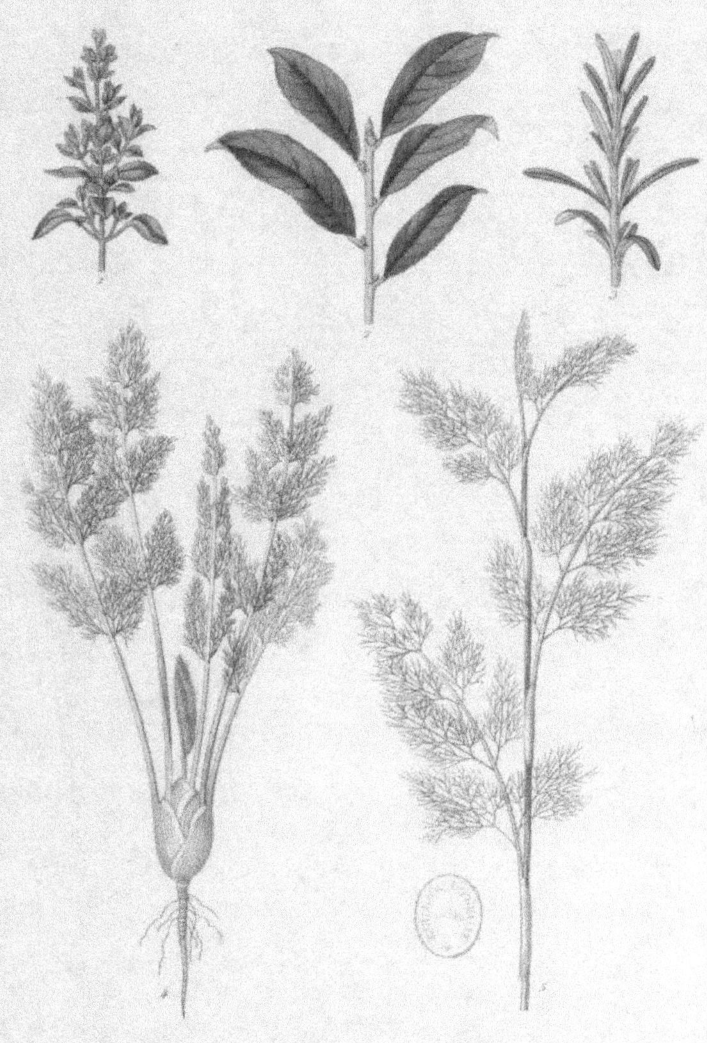

Plantes condimentaires

GOUSSES ET GRAINES LÉGUMIÈRES

(de grosseur naturelle)

———————

Gousses & Graines legumieres

PLANTES CONDIMENTAIRES ET FRUITS LÉGUMIERS

1. — MAIS (*Zea Mais*) A POULETS, à l'état jeune ; *pages* 310 et 311.

2. — CORNICHON (*Cucumis sativus*), de grandeur naturelle ; *pages* 380 à 383.

3. — PIMENT (*Capsicum annuum*) CERISE, le fruit de grandeur naturelle ; *pages* 314 et 315.

4. — PIMENT ROUGE LONG , le fruit de grandeur naturelle ; *pages* 314 et 315.

5. — TOMATE (*Solanum lycopersicum , Lycopersicum esculentum*) GROSSE JAUNE, le fruit aux $^3/_4$ de grandeur naturelle ; *pages* 410 à 412.

6. — TOMATE GROSSE ROUGE, le fruit aux $^3/_4$ de grandeur naturelle ; *pages* 410 à 412.

7. — CAPRES ; ce sont les boutons à fleurs du Câprier (*Capparis spinosa , Capparis sativa*) ; *pages* 303 et 304.

8. — CAPUCINE (*Tropæolum*), le fruit de grandeur naturelle ; *pages* 259, 260, 304.

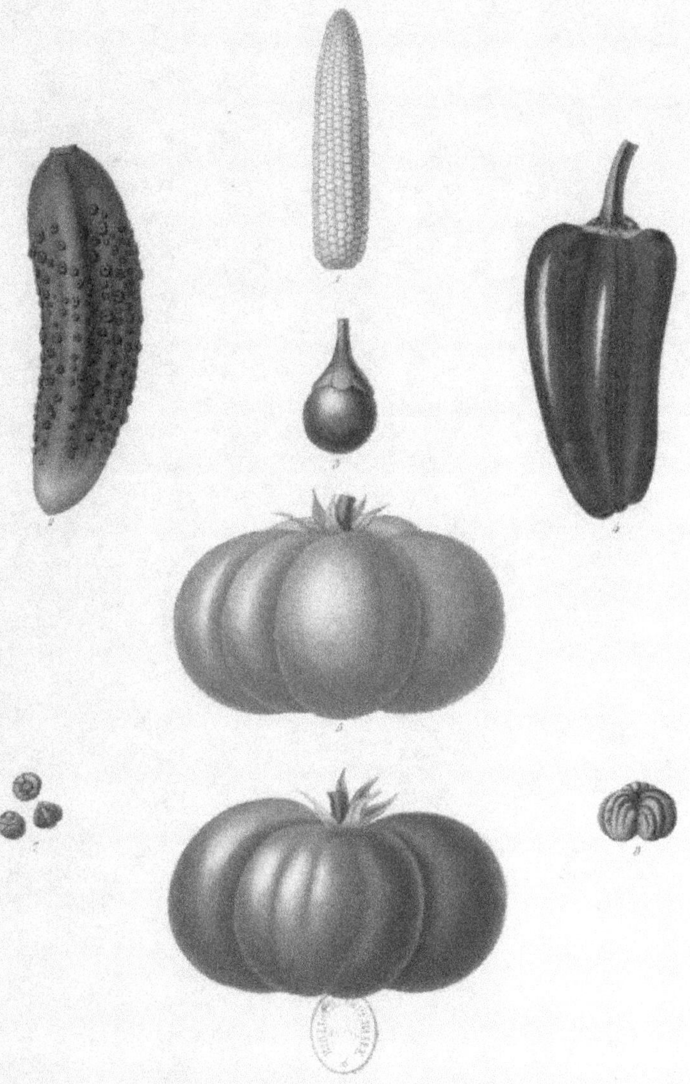

Plantes condimentaires & Fruits légumières

CRYPTOGAMES ALIMENTAIRES

($^{1}/_{2}$ de grandeur naturelle)

1 à 4. — CHAMPIGNONS DE COUCHE (*Agaricus edulis*, *Agaricus campestris*); *pages* 322 à 333.

5. — CHANTERELLE COMESTIBLE (*Cantharellus cibarius*, *Agaricus cantharellus*, *Merulius cantharellus*); *page* 351.

6. — BOLET COMESTIBLE (*Boletus edulis*), CEP FRANC A TÊTE ROUSSE, GYROLLE, BRUGUET, POTIRON, FORCHIN; *page* 349.

7. — BOLET TUBÉREUX, CEP FRANC A TÊTE NOIRE (*Boletus bovinus*, *Boletus mitis*); *page* 350.

8. — MORILLE (*Morchella*); *pages* 356 à 359.

9. — TRUFFE GRISE, TRUFFE A L'AIL, TRUFFE BLANCHE DE PIÉMONT, (*Tuber griseum*, *Tuber magnatum*), vue à l'intérieur; *page* 374.

10. — LA MÊME, vue à l'extérieur; *page* 374.

11. — TRUFFE BLANC DE NEIGE, TERFEZ DES ARABES, FÉCULE DE TERRE (*Tuber niveum*), vue à l'intérieur; *page* 375.

12. — LA MÊME, vue à l'extérieur; *page* 374.

13. — TRUFFE NOIRE, TRUFFE COMESTIBLE, RABASSE (*Tuber cibarium*), vue à l'intérieur; 374.

14. — LA MÊME, vue à l'extérieur; *page* 374.

Cryptogames alimentaires

FRUITS LÉGUMIERS

1. — CHAYOTE COMMUNE, CHAYOLT, CHOCO, SECHION (*Sicyos edulis, Sechium edule*), le fruit vu à l'intérieur, $\frac{1}{2}$ de grandeur naturelle ; *pages* 378 et 379.

2. — LE MÊME FRUIT, vu à l'intérieur, $\frac{1}{2}$ de grandeur naturelle ; *pages* 378 et 379.

3. — MELON CANTALOUP (*Melo Cantalupo*), $\frac{1}{6}$ de grandeur naturelle ; *page* 407.

4. — PASTÈQUE, CITROUILLE-PASTÈQUE, MELON D'EAU (*Cucurbita citrullus*), vu à l'intérieur, $\frac{1}{4}$ de grandeur naturelle ; *page* 409.

5. — LE MÊME FRUIT, vu à l'extérieur, $\frac{1}{4}$ de grandeur naturelle ; *page* 409.

Fruits légumiers

FRUITS LEGUMIERS

FRUITS A NOYAU

1. — CERISES (fruit du Cerisier, *Cerasus vulgaris, cerasus caproniana*)
   ANGLAISES ; *pages 455 à 460.*
2. — CERISES DE MONTMORENCY ; *page 459.*
3. — GRIOTTES ; *pages 458, 459.*
4. — BIGARREAUX GROS ROUGES ; *page 458.*
5. — GUIGNES NOIRES ; *page 458.*

Fruits à noyau.

FRUITS A NOYAU

FRUITS (dits vulgairement) A PÉPINS, FRUITS (dits vulgairement) EN BAIE [1]

1. — BANANE (fruit du Bananier, *Musa*); *page* 627.

2. — OLIVE A PETIT FRUIT OBLONG, PICHOLINE, SAURINE,
       (*Olea fructu oblongo minori*) ; *page* 471.

3. — JUJUBE (fruit du Jujubier commun , *Rhamnus Zizyphus ,
       Zizyphus vulgaris*); *pages* 464 à 467.

4. — OLIVE COMMUNE (fruit de l'Olivier commun, *Olea Europæa*);
       page 467.

5. — AZÉROLE ÉCARLATE (*Cratægus coccinea*); *page* 524.

6. — CORNOUILLE, fruit du Cornouiller mâle (*Cornus mascula*);
       page 464.

7. — MURE NOIRE (fruit du Mûrier noir, *Morus nigra*) ; *pages* 582,
       583.

[1] Voir les réserves faites sur ces divisions, plus vulgaires
que scientifiques, dans les notes des pages 519 et 537.

Fruits à noyau. Fruits en baies.

Reinhardt pinx.   Paris Imp. de Lauvent, r. S.t Jacques 7.   Lebrun sculp.

ARBRES A FRUITS A NOYAU

TAILLE DU PÊCHER

1. — BOURGEON OU JEUNE BRANCHE HERBACÉE, en voie de développement ; *pages* **486** et **497**.

2. — BRANCHE A FRUITS, A BOUTONS, A FLEURS SIMPLES ; *page* **487**.

3. — COCHONNET ou BOUQUET DE MAI ; *page* **487**.

4. — FLEUR DE PÊCHER ; *page* **473**.

5. — BRANCHE A FRUIT, A BOUTONS DOUBLES ET TRIPLES ; *pages* **487** et **498**.

Pêcher.

FRUITS A NOYAU

1. — PÊCHE, fruit du Pêcher (*Amygdalus persica, Persica vulgaris*) MIGNONNE HATIVE, GROSSE MIGNONNE, VELOUTÉE DE MERLET ; *pages* 467 et 507.

2. — PÊCHE A CHAIR BLANCHE, ouverte et montrant le noyau ; *pages* 467 et 508.

3 — PÊCHE A CHAIR ROUGE, ou SANGUINE, ouverte et montrant le noyau ; *page* 509.

Fruits à noyau

ARBRES A FRUITS A NOYAU

TAILLE DU PÊCHER

1, 2, 3 et 4. — PLANTATION ET RAVALEMENT DE LA TIGE
D'UN JEUNE PÊCHER ; *pages* 485 et 489.

5. — PREMIÈRE TAILLE ; *page* 489.

6 et 7. — DEUXIÈME TAILLE ; *page* 489.

8 et 9. — TROISIÈME TAILLE ; *page* 490.

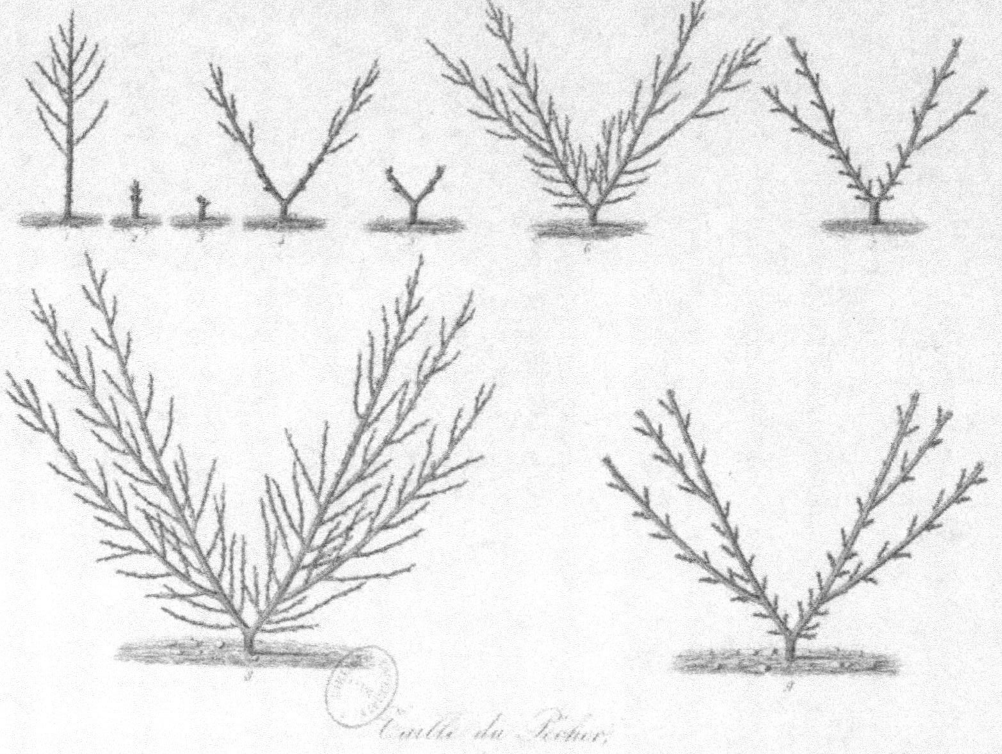

Taille du Pêcher.

ARBRES A FRUITS A NOYAU

TAILLE DU PÊCHER

---

1. — PÊCHER AU MOMENT DE L'OPERATION DE LA QUATRIÈME TAILLE ; *page* 490.

2. — PÊCHER APRÈS L'OPÉRATION DE LA QUATRIÈME TAILLE ; *page* 491.

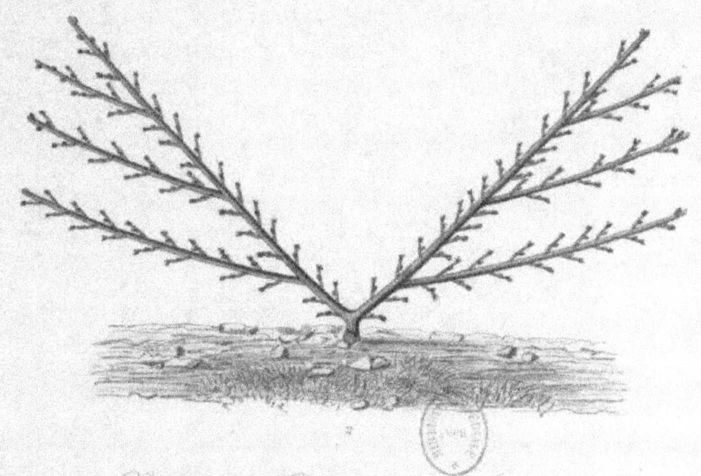

Taille du Pêcher d'après Lepère.

ARBRES A FRUITS A NOYAU

TAILLE DU PÊCHER CARRÉ, OU EN ÉVENTAIL

1. — PÊCHER AU MOMENT DE L'OPÉRATION DE LA SEPTIÈME TAILLE ; *page* 493.

2. — PÊCHER APRÈS L'OPÉRATION DE LA SEPTIÈME TAILLE ; *page* 493.

(On trouvera aussi des détails généraux sur la taille en éventail , *page* 440).

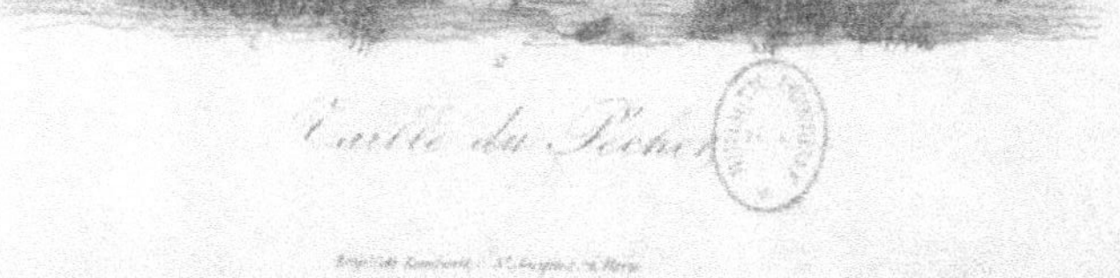
Taille du Pêcher

ARBRES A FRUITS A NOYAU

TAILLE DU PÊCHER CARRÉ, OU EN ÉVENTAIL

PÊCHER AU MOMENT DE LA HUITIÈME TAILLE ; *page* 493.

(Voir aussi des détails sur la taille en général, *page* 440).

Pêcher carré.

Impr.ⁱᵉ de Laurent à S.ᵗ Jacques 70 Paris

FRUITS A NOYAU (grandeur naturelle)

1. — PRUNE DE REINE CLAUDE (fruit du *Prunus domestica*) VERTE BONNE, etc.; *page* 537.

2. — PRUNE ROYALE DE TOURS; *page* 517.

3. — PRUNE DE MIRABELLE; *page* 517.

4. — PRUNE DAMAS VIOLET; *page* 517.

5. — PRUNE DE MONSIEUR HATIVE; *page* 517.

Fruits à noyau.

FRUITS A PEPINS ET FRUITS EN BAIE (¹)

1. — FIGUE VIOLETTE (fruit du Figuier, *Ficus carica*), $^1/_2$ de grandeur naturelle; *pages* 562 à 569.

2. — FIGUE BLANCHE, $^1/_2$ de grandeur naturelle; *page* 569.

3. — NÈFLE (fruit du Néflier, *Mespilus germanica*), $^1/_2$ de grandeur naturelle; *pages* 530 et 531.

4. — COING PYRIFORME (fruit du Cognassier, *Cydonia vulgaris, Pyrus cydonia*), $^1/_2$ de grandeur naturelle; *pages* 525 et 526.

5. — COING DE PORTUGAL, $^1/_5$ de grandeur naturelle; *page* 526.

(¹) Voir les réserves faites pour ces divisions, plus vulgairement que scientifiquement acceptées, dans la note de la page 519.

Fruits en baies. Fruits à pépins.

Hachette sculp.   Paris, Imp. de Lemercier, rue S.t Jacques N.o 71.   Lebrun sculp.

ARBRES A FRUITS A PEPINS

TAILLE DU POIRIER

1. — BRINDILLE ; *pages* 538 et 539.

2. — GOURMAND ; *page* 539.

3. — RAMEAU A BOIS ; *page* 538.

4. — DARDS ; *page* 539.

5. — BOUTON A FLEUR ; *page* 538.

6 et 7. — LAMBOURDE et BOURSES ; *page* 539.

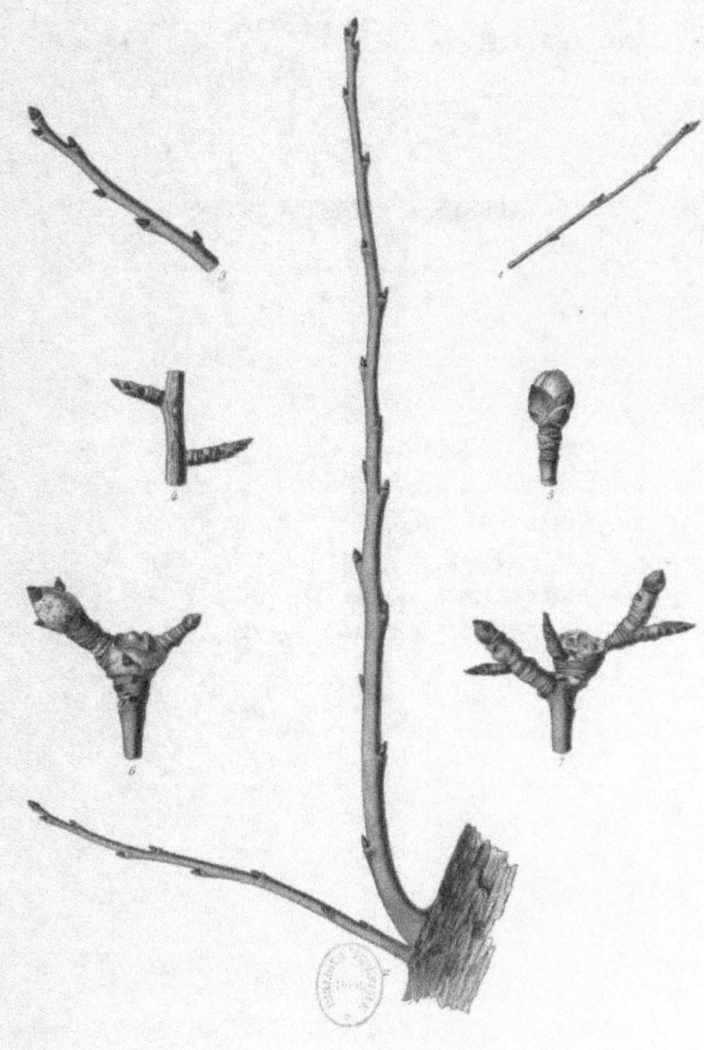

Poirier.

ARBRES A FRUITS A PEPINS

TAILLE DU POIRIER

POIRIER EN QUENOUILLE ou EN PYRAMIDE, $^{1}/_{30}$ de grandeur naturelle; *page* 540.

Poirier en pyramide.

ARBRES A FRUITS A PEPINS

TAILLE DU POIRIER

POIRIER EN ESPALIER ; TAILLE EN ÉVENTAIL ; *page* 542.

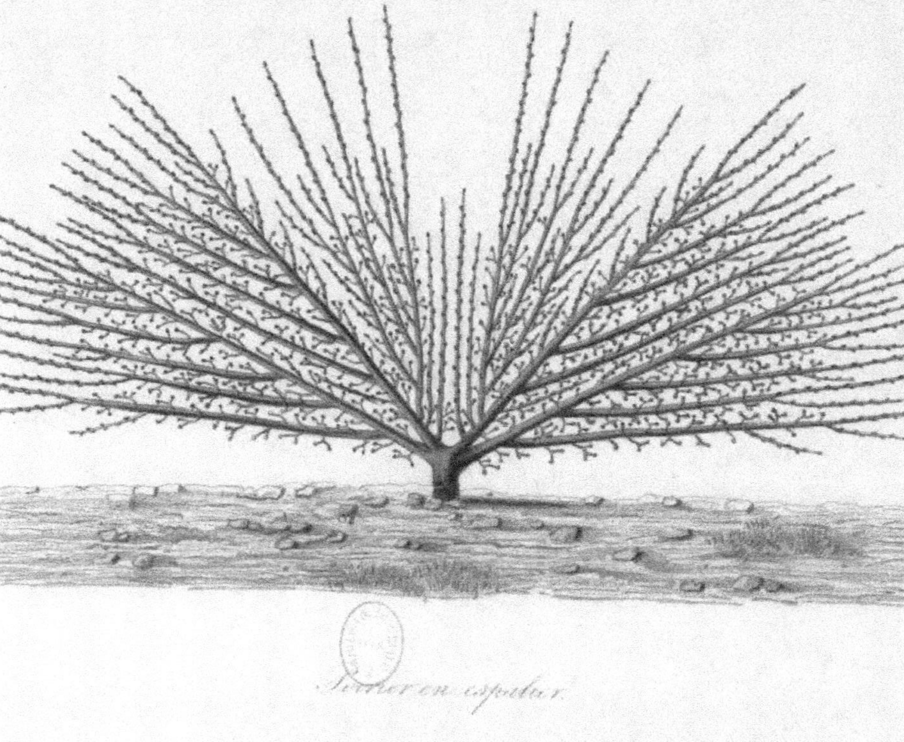

Poirier en espalier.

ARBRES A FRUITS A PEPINS

TAILLE DU POIRIER

POIRIER EN ESPALIER, TAILLE EN PALMETTE SIMPLE; *page* 543.

Poirier. (Palmette simple.)

ARBRES A FRUITS A PEPINS

TAILLE DU POIRIER

POIRIER EN ESPALIER, TAILLE EN PALMETTE DOUBLE ou EN U;
page 544.

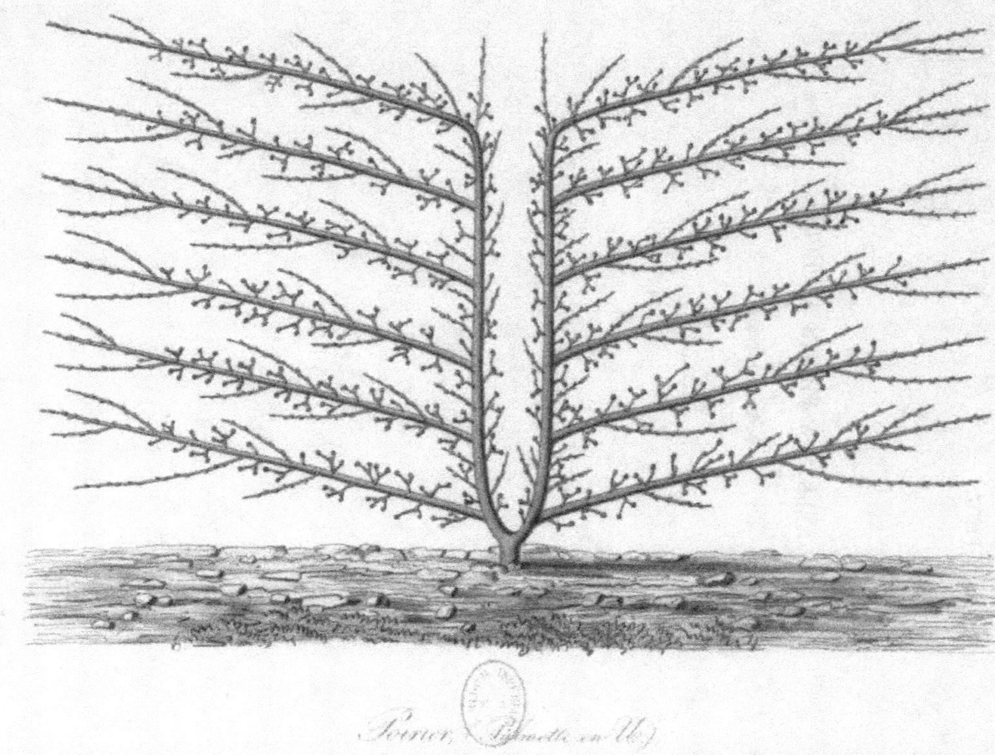

Poirier (Palmette en U.)

Imp.^{ie} de Lemercier, r. St Jacques 55, Paris

FRUITS A PEPINS. POIRES

1. — POIRE (fruit du *Pyrus communis*) DUCHESSE, ou DUCHESSE
   D'ANGOULÊME, $^1/_4$ de grandeur naturelle ; *page* 548.

2. — DOYENNÉ GRIS, ou DOYENNÉ DORÉ, ou DOYENNÉ ROUX,
   $^1/_3$ de grandeur naturelle ; *page* 549.

3. — BONNE LOUISE D'AVRANCHES ou LOUISE BONNE D'AVRAN-
   CHES, $^1/_3$ de grandeur naturelle ; *page* 548.

4. — POIRE DE CHAUMONTEL ou BEURRÉ DE CHAUMONTEL,
   $^1/_3$ de grandeur naturelle ; *page* 550.

5. — POIRE D'ANGLETERRE D'HIVER, $^2/_3$ de grandeur naturelle ;
   page 551.

Fruits à pepins

FRUITS A PEPINS. POIRES

1. — POIRE DE CRASSANE, ou CRESSANE, ou BERGAMOTTE-CRASSANE, $^1/_3$ de grandeur naturelle ; *page* 549.

2 — POIRE SUPERFINE ou BEURRÉ SUPERFIN, $^1/_3$ de grandeur naturelle; *page* 547.

3. — TRIOMPHE DE JODOIGNE , $^1/_3$ de grandeur naturelle ; *page* 549.

4 — POIRE DE SAINT-GERMAIN ; $^1/_2$ de grandeur naturelle ; *page* 550.

5. — BON-CHRÉTIEN D'HIVER , $^1/_2$ de grandeur naturelle ; *page* 550.

Fruits à pepins

FRUITS A PEPINS. POMMES

1. — POMME (fruit du *Malus communis* ou *Pyrus malus*) REINETTE GRISE, ¹/₃ de grandeur naturelle ; *page* 556.

2. — POMME RAMBOUR D'ÉTÉ, ¹/₃ de grandeur naturelle; *page* 556.

3. — POMME API, ²/₃ de grandeur naturelle ; *page* 554.

4. — REINETTE DU CANADA, ¹/₃ de grandeur naturelle ; *page* 556.

5. — CALVILLE BLANCHE D'HIVER ou REINETTE A COTES, ¹/₃ de grandeur naturelle; *page* 555.

Fruits à pepins

FRUITS EN BAIES (grandeur naturelle)

1. — GROSEILLE VERTE COMMUNE (fruit du *Ribes uva-crispa*); page 581.

2. — GROSEILLES BLANCHES A GROS FRUITS EN GRAPPES (fruit du *Ribes album*); page 578.

3. — GROSEILLES ROUGES A GROS FRUITS EN GRAPPES (fruit du *Ribes rubrum*); page 578.

4. — GROSEILLE A MAQUEREAU COMMUNE (fruit du *Ribes uva-crispa*); page 580.

5. — GROSEILLE GROSSE AMBRÉE (fruit du *Ribes uva-crispa*); page 581.

6. — GROSEILLES-CERISES EN GRAPPES (fruit du *Ribes rubrum*); page 578.

7. — GROSEILLES-CASSIS A FRUITS NOIRS (fruits du *Ribes nigrum*); page 579.

Fruits en baies.

FRUITS EN BAIES (grandeur naturelle)

CHASSELAS DE FONTAINEBLEAU ; *page* 600.
COUPE VERTICALE D'UNE BAIE DE CHASSELAS ; *page* 591.

Fruits en baies

Maubert pinx. Imp. Rousseau & Cie, Paris. Debray sculp.

ARBRES ET ARBUSTES A FRUITS EN BAIES

CULTURE DE LA VIGNE

VIGNE A LA THOMERY ; *pages* 594 et 596.

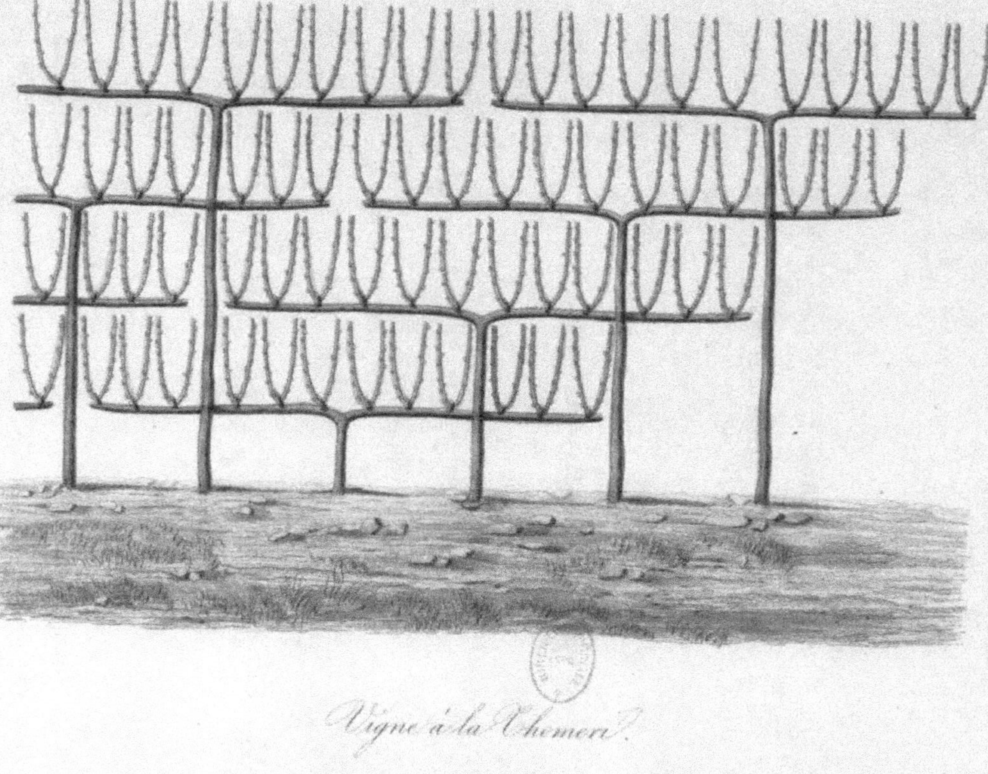

Vigne à la Thomery.

FRUITS EN BAIES, ET FRUITS A NOYAU

---

1. — FRAMBOISE DU CHILI ; *page* 572.

2. — FRAMBOISES A FRUITS BLANCS ET A FRUITS ROUGES (fruits du *Rubus Idæus*) ; *page* 572.

3. — EPINE-VINETTE (*Berberis vulgaris*) ; *page* 561.

4. — PISTACHE (fruit du *Pistacia vera*) ; *page* 509.

4ᴬ. — DRUPE DE LA PISTACHE OUVERTE, pour montrer la graine ; *page* 509.

5. — DATTE (fruit du *Phœnix dactylifera*). Le Dattier est décrit dans la *Flore médicale*, t. Iᵉʳ, *page* 451, ainsi que dans la *Flore agricole et sylvicole*, où en outre l'arbre entier est représenté.

Fruits en baies. Fruits à noyau.

FRUITS EN CHATON OU A ENVELOPPE LIGNEUSE

---

1. — NOISETTE FRANCHE (fruit du *Corylus tubulosa*); *page* 609.

2. — MARRON DE LYON (fruit du *Castanea sativa*); *page* 607.

3. — NOISETTE AVELINE (fruit du *Corylus avellana*); *page* 609.

3ᵃ. — GRAINE DE LA NOISETTE AVELINE ; *page* 609.

4. — AMANDE COMMUNE (noyau dégagé de la drupe verte de l'*Amygdalus communis*) ; *page* 453.

4ᵃ. — GRAINE DE L'AMANDE COMMUNE ; *page* 453.

5. — NOIX A BIJOUX (fruit du *Juglans regia*); *page* 613.

6. — CHATAIGNE (fruit du *Castanea vulgaris*); *page* 605.

7. — NOIX COMMUNE (fruit du *Juglans regia*); *page* 613.

7ᵃ. — GRAINE DE LA NOIX; *page* 610.

8. — NOIX A COQUE TENDRE; *page* 613.

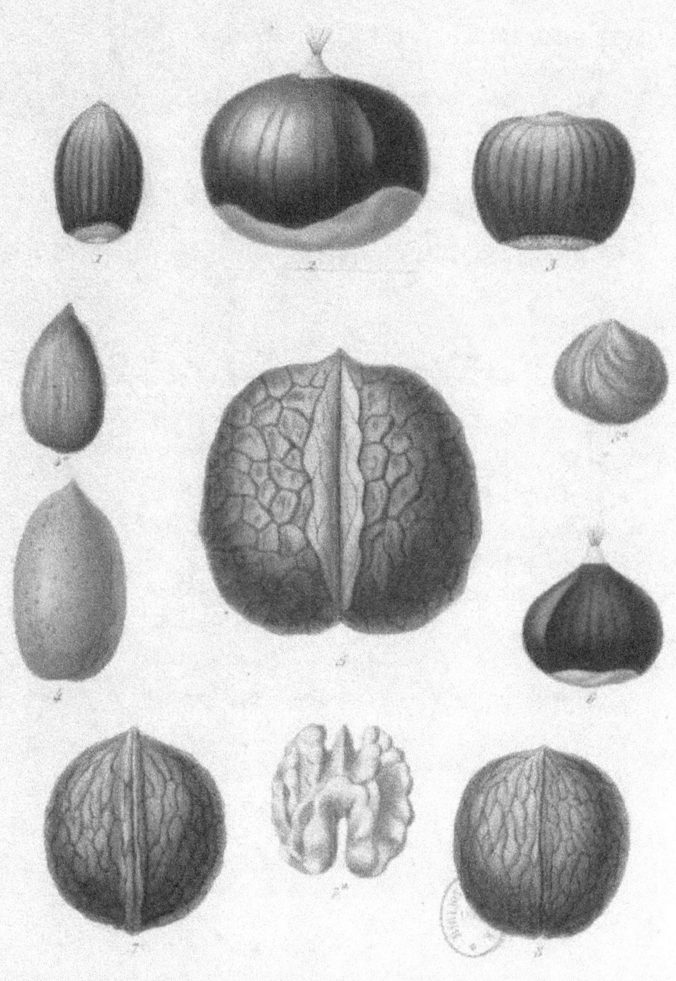

Fruits en chaton

FRUITS DE SERRE TEMPÉRÉE ET DE SERRE CHAUDE

SOUS LE CLIMAT DE PARIS

1. — GOYAVE POIRE (fruit du *Psidium pyriferum*); *page* 638.

2. — PASSIFLORE ou GRENADILLE (fruit du *Passiflora cærulea*); *page* 653.

2ª. — GRAINES DE PASSIFLORE enveloppées d'une arille et attachées par leurs filets; *page* 652.

3. — ANANAS (fruit du *Bromelia ananas*); *page* 619.

4. — GRENADE (fruit du *Punica granatum*); *pages* 528, 529, 639.

4ª. — GRAINES polyédriques, irrégulières, à tégument charnu de la Grenade.

5. — OPONTIE ou FIGUE D'INDE (fruit du *Cactus opuntia*); *page* 631.

*Fruits de serre chaude ou tempérée
sous le Climat de Paris.*

FRUITS DU GENRE CITRUS

1. — LIMON ORDINAIRE (fruit du *Citrus limonum*), $^1/_3$ de grandeur naturelle ; *pages* 531, 535 et 649.

2. — ORANGE FRANCHE ORDINAIRE (fruit du *Citrus aurantium*), $^1/_4$ de grandeur naturelle ; *pages* 531, 535 et 639.

3. — CÉDRAT A GROS FRUIT (fruit du *Citrus Medica*), $^1/_8$ de grandeur naturelle ; *pages* 532, 535 et 649.

4. — BIGARADE ORDINAIRE (fruit du *Citrus vulgaris*), $^1/_3$ de grandeur naturelle ; *pages* 531, 535 et 649.

5. — ORANGE DE MAJORQUE, $^1/_2$ de grandeur naturelle ; *pages* 535 et 639.

Fruits du genre Citrus.

BOUTURES ET MARCOTTES

1. — BOUTURE SIMPLE, A L'AIR LIBRE ; *page* 27.
2. — BOUTURE ÉTOUFFÉE ; *page* 27.
3. — MARCOTTE SIMPLE ; *page* 25.
4. — MARCOTTE PAR INCISION ; *page* 26.
5. — MARCOTTE PAR STRANGULATION ; *page* 26.
6. — MARCOTTE PAR CÉPÉE ; *page* 26.
7. — MARCOTTES PAR RACINES ; *page* 26.

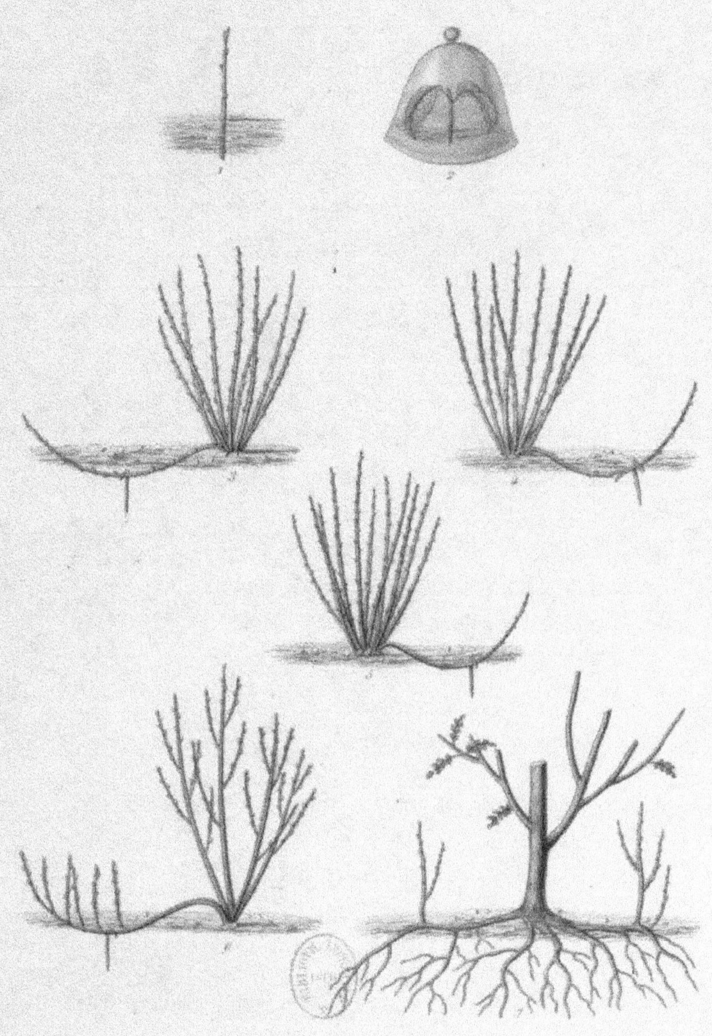

Boutures & Marcottes.

GREFFES

1, 1ᵃ, 1ᵇ, 1ᶜ, 1ᵈ — GREFFES EN ÉCUSSON (Poirier d'été); *pages* **31**, **537**.

2, 2ᵃ, 2ᵇ, 2ᶜ. — GREFFES EN FENTE (Poirier d'été); *pages* **32, 33, 537**.

3, 3ᵃ, 3ᵇ. — GREFFES PAR APPROCHE (Poirier d'été); *pages* **33, 34**.

4, 4ᵃ, 4ᵇ, 4ᶜ, 4ᵈ. — GREFFES EN PLACAGE (Poirier d'été); *page* **33**.

5, 5ᵃ, 5ᵇ, 5ᶜ, 5ᵈ. — GREFFES EN ANNEAU ; *pages* **34** et **35**.

6, 6ᵃ, 6ᵇ, 6ᶜ. — GREFFES A BOURGEONS DE FLEURS OU A FRUITS; *page* **36**.

7. — GREFFE EN FENTE, BOUTURE DE VIGNE ; *page* **35**.

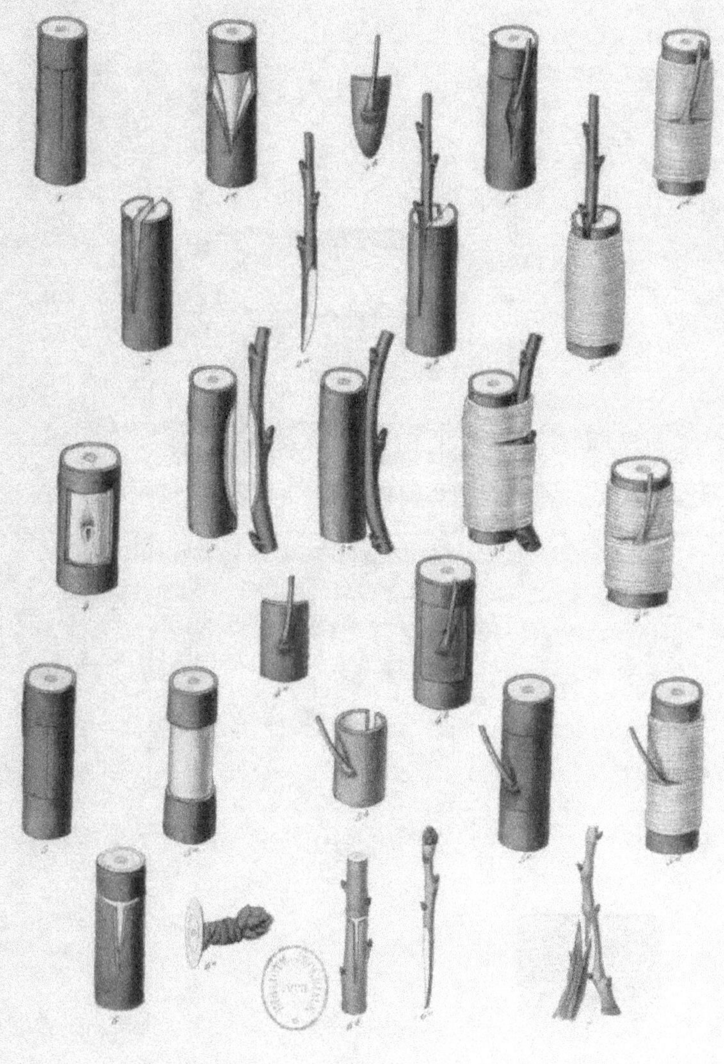

Greffes.

INSTRUMENTS POUR LA TAILLE ET LA GREFFE

---

1. — SERPETTE ORDINAIRE.
2. — GREFFOIR.
3. — SERPETTE-GREFFOIR.
4. — GREFFOIR DE LA VIGNE.
5. — FOURCHETTE DU GREFFOIR.
6. — GREFFOIR EN FENTE.
7. — GREFFOIR NOISETTE.
8. — COUVERCLE DU GREFFOIR.
9. — INCISEUR ANNULAIRE.
10. — SERPE ORDINAIRE.
11. — SERPE D'ÉLAGUEUR.
12. — ÉGOÏNE-SCIE A MAIN.
13. — ÉGOÏNE-SCIE A MANCHE RELEVÉ.
14. — CROISSANT A TALON.
15. — ÉBOURGEONNOIR.
16. — SÉCATEUR ORDINAIRE.
17. — EBRANCHOIR-SÉCATEUR.
18. — SÉCATEUR DE RÉGNIER.

(*page* 109).

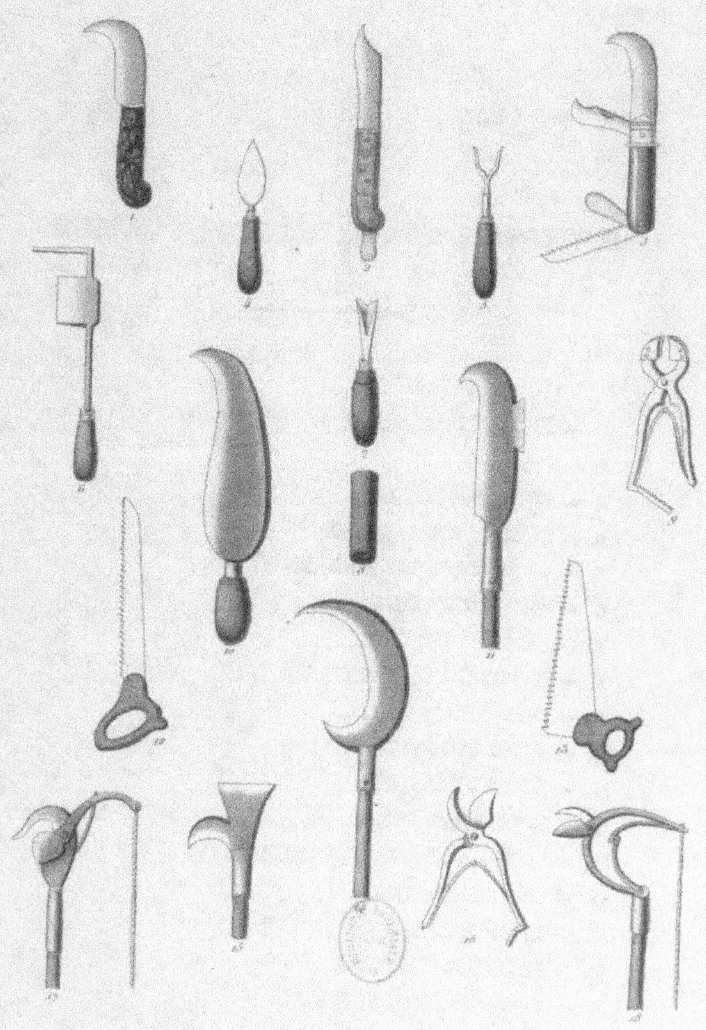

Instruments pour la Taille & la Greffe.

INSTRUMENTS DE MÉTÉOROLOGIE

1. — THERMOMÈTRE A MINIMA DE RUTHERFORD.
2. — THERMOMÈTRE A TRIPLE ÉCHELLE ET A HYGROMÈTRE.
3. — PRONOSTICON.
4. — HYGROMÈTRE A CHEVEU.

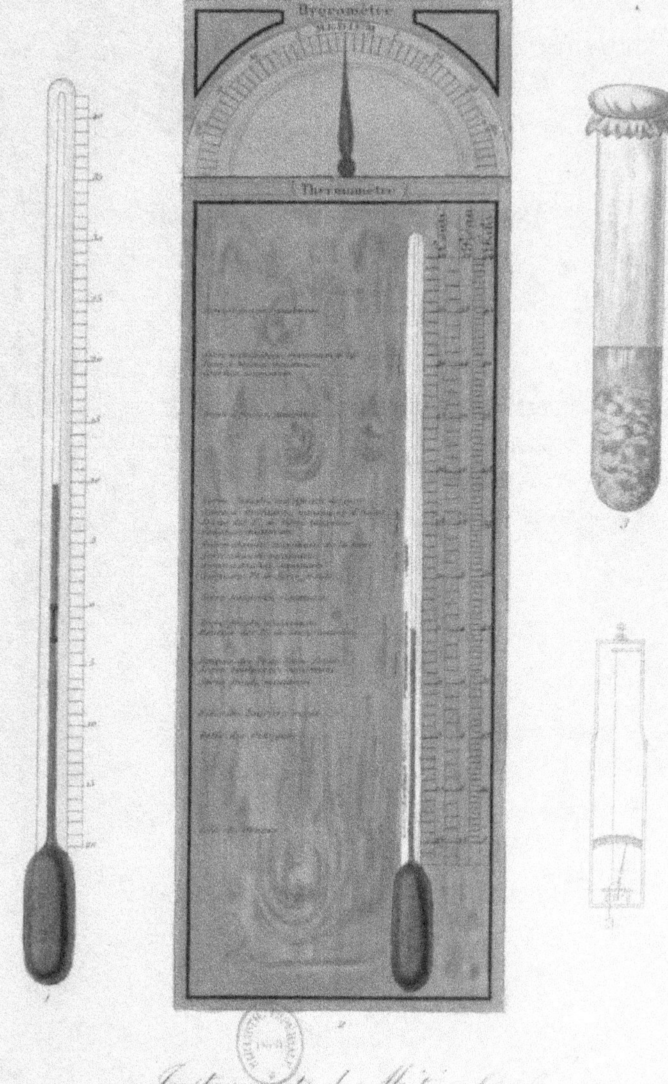

Instruments de Météorologie

TABLE

DES PLANCHES ET DES FIGURES DE L'ATLAS

DE L'HORTICULTURE POTAGÈRE ET FRUITIÈRE

Paris. — Imprimerie de P.-A. Bourdier et Cie, rue des Poitevins, 6.

9 782329 263915